# BEI GRIN MACHT SICH IHR WISSEN BEZAHLT

- Wir veröffentlichen Ihre Hausarbeit, Bachelor- und Masterarbeit

- Ihr eigenes eBook und Buch - weltweit in allen wichtigen Shops

- Verdienen Sie an jedem Verkauf

Jetzt bei www.GRIN.com hochladen und kostenlos publizieren

# Speichermethoden für erneuerbare Energien. Ist Wasserstoff ein zukünftiger Energieträger?

Maurine Ewald

**Bibliografische Information der Deutschen Nationalbibliothek:**

Die Deutsche Nationalbibliothek verzeichnet diese Publikation in der Deutschen Nationalbibliografie; detaillierte bibliografische Daten sind im Internet über http://dnb.d-nb.de abrufbar.

ISBN: 9783346680860
Dieses Buch ist auch als E-Book erhältlich.

© GRIN Publishing GmbH
Nymphenburger Straße 86
80636 München




Druck und Bindung: Books on Demand GmbH, Norderstedt Germany
Gedruckt auf säurefreiem Papier aus verantwortungsvollen Quellen




Das Buch bei GRIN: https://www.grin.com/document/1247690

# Hochschule Bochum (BO)
# Fachbereich Elektrotechnik und Informatik

Wintersemester 2021/22

Studiengang Nachhaltige Entwicklung
1. Fachsemester


Hausarbeit zur Erlangung
des Leistungsnachweises in Modul Nr. 13
Wissenschaftliches Arbeiten


Thema:
## Speichermethoden für erneuerbare Energien
Ist Wasserstoff ein zukünftiger Energieträger?


von:                                    Maurine Ewald

Inhaltsverzeichnis

## Abkürzungsverzeichnis

PHS             Pump Hydrostorage Station

LOHC            Liquid Organic Hydrogen Carriers

PEM             Proton Exchange Membrane

# 1 Einleitung

„Wegen der Endlichkeit von fossilen Energiequellen hat Deutschland vor ein paar Jahrzehnten begonnen, seine Energieversorgung grundlegend umzustellen, und zwar auf erneuerbare Energien."[1]

Das räumt die Bundesregierung Deutschland ein, denn Ziel ist es, den gesamten Strombedarf mit erneuerbaren Energien zu erzeugen. Die Energieversorgung soll nicht mehr durch klimaschädliche fossile Brennstoffe wie Kohle, Mineralöl oder Erdgas gedeckt werden. Zukünftig sollen die Energielieferanten in Deutschland Sonne, Wind und Wasser sein. Um das realisierbar zu machen, muss der erzeugte Strom zwischengespeichert werden.

Wind und Solar-Kraftwerke produzieren elektrische Energie in Form von Strom. Ein Großteil des durch erneuerbare Energien erzeugten Stroms geht verloren, denn Solaranlagen beispielsweise, erzeugen bei Sonnenschein viel Energie, während zu Nachtzeiten keine Sonnenenergie umgewandelt werden kann. Tagsüber besteht also ein Überschuss, während zu Nachtzeiten ein Mangel herrscht. Der Ausbau weiterer Kraftwerke verstärkt den Stromüberschuss. Auch Windkraftanlagen sind keine kontinuierlichen Energielieferanten, denn auch Wind ist für das Kraftwerk nicht konstant verfügbar.

Durch Energiespeicherung sollen vor allem die Zeiten überbrückt werden, zu denen ein Energiemangel herrscht. Des Weiteren sollen die Stromüberschüsse genutzt werden, um damit Regionen zu versorgen, die weniger Energie zur Verfügung haben. Man kann die Überschüsse auch verwenden, um sie in andere potenziell nutzbare Energieformen zu wandeln. Bei ausreichender Energiemenge und Speichermöglichkeit könnte vollständig auf fossile Energiequellen verzichten werden.

Zunächst wird in der vorliegenden Arbeit gezeigt, wie die aktuelle Lage erneuerbarer Energien ist, die das Fundament für die Energiespeicherung legen. Mit Power to X- wird der überschüssige Strom von beispielsweise Solaranlagen gespeichert bzw. umgewandelt. Um langfristige Entscheidungen für die Auswahl von Speichermedien treffen zu können, werden dabei auch die zukünftigen Prognosen für erneuerbare Energien dargestellt. Hinsichtlich der Auswahlkriterien für die Energiespeicherung werden die gängigsten Speichermethoden in Kapitel 3 erläutert. Im besonderen Fokus liegt der aus erneuerbarer Energie gewonnene Wasserstoff. Er dient als Energiespeicher, der es möglich macht, Strom dann nutzbar zu machen, sobald man ihn benötigt und diesen in den globalen Handel zu integrieren. Das Ziel dieser Hausarbeit ist die Darlegung des Potenzials von Wasserstoff als Speichermedium gegenüber den aktuellen Speichermethoden. Im Wesentlichen

---

[1]Bundesregierung (2021): Erneuerbare Energien: Ein neues Zeitalter, Online im Internet: https://www.bundesregierung.de/breg-de/themen/energiewende/energie-erzeugen/erneuerbare-energien-317608 , abgerufen am 30.12.2021.

werden sich auf die Autoren Peter Kurzweil und Otto K. Dietlmeier *Elektrochemische Speicher* und Méziane Boudellal, *Power-to-Gas* bezogen. Sie haben aktuelle Kennzahlen und Methoden bezüglich der Wasserstofftechnologie und liefern vor allem den Bezug zur praktischen Anwendung.

## 2  Erneuerbare Energie

Mit erneuerbaren Energien in die Zukunft, so will es auch die neue Bundesregierung 2021. Bis 2045 soll die Klimaneutralität in Deutschland erreicht werden.[2]

Das bedeutet vollständiger Braunkohle Ausstieg in Deutschland und Stromerzeugung durch erneuerbare Energien.

Die Folgende Grafik zeigt, dass sich der Primärverbrauch, also der Energiegehalt aller in Deutschland eingesetzten Energieträger stark verändert. 1990 wurden 1% des Primärverbrauchs durch erneuerbare Energien gedeckt, während er 30 Jahre später auf 17% wuchs.  Der Anteil erneuerbarer Energien steigt also signifikant an.

*Anmerkung der Redaktion: Die Abbildung wurde aus urheberrechtlichen Gründen entfernt.*
**Abbildung 1 Energieanteile des Primärenergieverbrauchs im Vergleich**
**Quelle:** Umweltbundesamt (2021), online im Internet: https://www.umweltbundesamt.de/daten/energie/primaerenergieverbrauch#primarenergieverbrauch-nach-energietragern.

Berücksichtigt man die unterschiedlichen geologischen und klimatischen Bedingungen einzelner Länder, dann wird deutlich, dass die Art der erneuerbaren Energien länderspezifisch ist. An folgendem Beispiel wird das deutlich: Spanien erzeugt viel solare Energie wodurch Photovoltaikanlagen sinnvoll sind, während Dänemark als Küstenland von vielen Windkraftwerken profitiert. Die Anteile der verschiedenen erneuerbaren Energiekraftwerke in Deutschlandwurde für das Jahr 2020 in Abbildung 2 dargestellt. Windkraftanlagen produzieren mit insgesamt 53% (on- und offshore), die meiste erneuerbare Energie, gefolgt von Photovoltaikanlagen mit 20%.[3] Demzufolge sollten künftige Energiespeicher in Deutschland gut für Wind und Solarenergie geeignet sein.

---

[2] Bundesregierung (2021): Klimaschutzgesetz 2021: Generationenvertrag für das Klima, online im Internet:  https://www.bundesregierung.de/breg-de/themen/klimaschutz/klimaschutzgesetz-2021-1913672, abgerufen am 21.12.2021.
[3] BDEW u.a. (2020): Verteilung der Stromerzeugung aus Erneuerbaren Energien in Deutschland nach Energieträger im Jahr 2020, online im Internet: https://de.statista.com/statistik/daten/studie/173871/umfrage/stromerzeugung-aus-erneuerbaren-energien-in-deutschland/ abgerufen am 23.12.2021

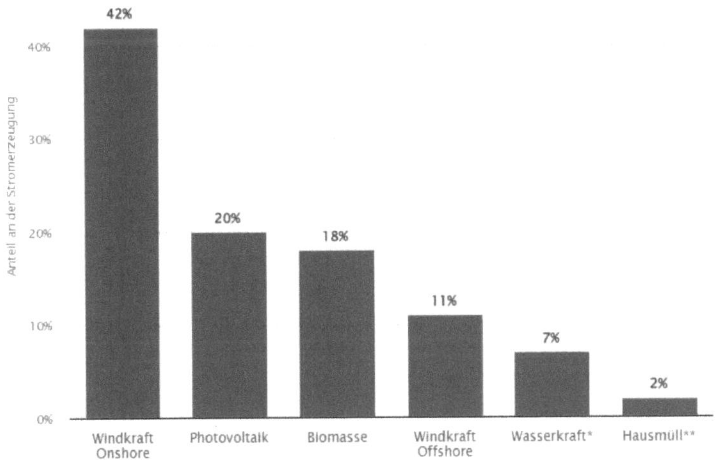


**Abbildung 2 Anteile der Stromerzeugung aus verschiedenen erneuerbaren Energien**
**Quelle:** BDEW u.a. (2020), online im Internet: https://de.statista.com/statistik/daten/studie/173871/umfrage/stromerzeugung-aus-erneuerbaren-energien-in-deutschland/.

Der Ausbau an Windkraft und Photovoltaikanlagen ist bereits so stark angestiegen, dass es regelmäßig zum Stromüberschuss kommt. Bei guten Wetterverhältnissen lieferten z.B. Solar und Windkraftwerke immer wieder mehr Energie, als der regionale Markt aufnehmen kann. 2012 gab es in Deutschland einen Energieüberschuss von 400GWh.[4] Prognosen zufolge wird der Überschuss von Deutschland 2050 etwa 162TWh betragen. Die folgende Grafik zeigt dies im internationalen Vergleich. Bei einem Verbrauch von 600TWh ist der Überschuss mit 162TWhrelativ hoch.

|  | China | USA | Germany | France | Finland |
|---|---|---|---|---|---|
| Consumption (TWh) | 15,000 | 5,100 | 600 | 420 | 90 |
| Surplus (TWh) | NA | 110 | 162 | 75 | 76 |
| Production capacity (GW) | 7,100 | 1,450 | 250 | 196 | NA |
| Needed storage capacity (GW) | 300 | 120 | 50 | 15 | 50 |

**Abbildung 3 Prognosen für 2050: Stromüberschüsse im internationalen Vergleich**
**Quelle:** in Anlehnung an Méziane Boudella, (2018) S. 42.

---

[4] Méziane Boudella (2018): Power-to-Gas, Leck, Walter de Gruyter GmbH, S. 42.

Demzufolge ist davon auszugehen, dass bei Stromüberschuss künftig Mengen entstehen, die bis zu mehreren Wochen den bundesweiten Energiebedarf decken könnten. Speichermedien verhindern dann, dass überschüssige Energie verloren geht. Sie wandeln die erzeugte Energie um und können bei Energieknappheit wieder abgerufen werden. Diese Umwandlungsprozesse sind allerdings auch immer mit großen Energieverlusten verbunden.

Aus wirtschaftlicher Sicht sind Speichermedien ebenfalls interessant, denn Stromüberschüsse können an Nachbarländer verkauft werden, dafür müssen die Wege jedoch ausgebaut sein. Nicht alle Speichermethoden eigenen sich für den globalen Handel.

## 3  Speichermethoden

Speichermedien werden nach bestimmten Kriterien ausgewählt. Bisher waren die wesentlichen Faktoren für die Auswahl der Speichermethoden in folgende:

- Kosten
- Effizienz
- Kapazität
- Volumen (Platzbedarf sowie geologische Anforderungen)
- Umwandlungsart (Energieform, z.B. thermisch, elektrisch, chemisch)
- Reifegrad (Wie fortgeschritten ist die aktuelle Technologie)
- Mobilität
- Lebensdauer[5]

Im Hinblick auf die Entwicklung der erneuerbaren Energien stechen einige Kriterien besonders hervor. Essenziell ist es, zukünftig große Mengen auch langfristig zu speichern, denn der Ausbau erneuerbarer Energien steigt. Weiterhin ist der Transport wichtig, um Energie über weite Strecken zu transportieren und am o.g. globalen Energiehandel teilzunehmen. Zudem liegen erneuerbare Kraftwerke oft in abgelegenen Gebieten, wodurch die Energie zum Teil weite Strecken zum Verbraucher zurücklegen muss. Effiziente Methoden halten die Verluste gering. Mit anderen Worten: Kapazität und Mobilität sind nahezu unerlässlich und eine hohe Effizienz wünschenswert. Die folgenden Beispiele zeigen, wie die Energiespeicherung aktuell aussieht.:

---

[5] Ebd. S. 44.

## 3.1    Pump Station (PHS)

Pumpspeicherstationen werden bereits seit 1920 als Energieträger genutzt. Sie bestehen aus zwei großen Wasserreservoiren in unterschiedlichen Höhenmetern. Die Elektrizität wird gespeichert, indem mithilfe von Strom, Wasser in das höher gelegene Reservoir gepumpt wird. Um die Energie wieder zu gewinnen, wird das gespeicherte Wasser freigegeben, welches mittels Gravitation, die Strecke wieder zurücklegt, um eine Turbine anzutreiben.

Berücksichtigt man die drei wichtigsten Kriterien, wird deutlich, dass die Kapazität von Pumpstationen durch die Beckengröße begrenzt ist.

In Deutschland sind natürliche Wasserreservoirs stark limitiert. Künstlich angelegte erfordern einen hohen Platzbedarf.

Eines der größten Probleme ist die Mobilität. Die Pumpstation ist ortsgebunden und kann in ihrer Speicherform nicht transportiert werden.

Der Wirkungsgrad, ist vor allem von den eingesetzten Pumpen abhängig. Er liegt bei 70-85% (Stand 2016)[6] Das bedeutet, dass bei der zugeführten Energie, etwa 15-30% durch Wärme (z.B. von den Leitungen der eingesetzten Pumpe), Reibung (an den Rohrwandungen) oder an anderen Stellen im System verloren gehen.

## 3.2    Druckluftspeicherung

Mithilfe von Energie wird Luft durch Kompression verdichtet und in natürlich vorkommenden Höhlen gespeichert. Um die Energie wieder nutzbar zu machen, lässt man die Luft durch Turbinen hindurch entweichen. Es gibt verschiedene Verfahren, die auf diesem Prinzip beruhen.

**Diabatisches Verfahren**: Durch die Kompression wird die Luft etwa 600° heiß. Sie wird anschließend abgekühlt und in natürlich vorkommende Höhlen geschleust. Um die Energie wieder abzurufen, wird eine Turbine angetrieben, indem der Luft zusätzlich Erdgas beigemischt wird. Diese Verfahren wurden in Deutschland bereits angewendet.[7]

**Adiabatisches Verfahren:** Im Gegensatz zum diabatischen Verfahren, wird die freigesetzte Wärme in Keramik gespeichert. Bevor die Luft zur Energieerzeugung durch die Turbine geschleust wird, gelangt sie in einen Wärmetauscher. Dadurch, dass die Luft wieder aufgewärmt wird, ist kein zusätzliches Erdgas notwendig.

---

[6] Méziane, Boudella, (FN 4) S. 55.
[7] Ebd. S. 46.

Die Kapazität ist, ähnlich wie bei der Pumpstation, durch das verfügbare Höhlenvolumen begrenzt. Auch hier sind die geologischen Gegebenheiten also ausschlaggebend. Die Druckluftspeicherung ist ebenfalls ortsgebunden. Die Luftspeicherung in Gasflaschen ist nicht sinnvoll, denn der Energiegehalt von komprimierter Luft ist verhältnismäßig gering.[8] Insgesamt beläuft sich der Wirkungsgrad von Druckluft Speichermethoden auf ca. 40-70%.[9] Die Schwankungen sind auf die unterschiedlichen Methoden zurückzuführen. Der Wirkungsgrad der diabatischen Luftspeicherung ist wesentlich geringer als der, der adiabatischen Speicherung. Die Wärme, die beim diabatischen Verfahren freigesetzt wird, bedeutet hohe Energieverluste. Der Wirkungsgrad liegt deshalb bei etwa 42%, wenn die Wärme nicht anderweitig genutzt wird.[10] Bei der adiabatischen Speicherung, wird die Wärme wieder verwendet, dadurch liegt der Wirkungsgrad theoretisch bei bis zu 70%. [11]

## 3.3  Batterie Speicherung

Lithium-Ionen-Batterien sind die weitverbreitetsten Batterie Speicherformen. Die Batterie besteht aus zwei Räumen, die durch eine Membran getrennt werden. Lithium-Ionen können durch die Membran hindurch diffundieren und werden wegen ihres Potenzials angezogen. Die Elektronen der Lithium Metalle wandern durch einen Leiter, wodurch Strom freigesetzt wird (Entladeprozess). Werden die Leiter unter Strom gesetzt, kehrt sich der Prozess um (Ladeprozess). Die Kapazität einer Batterie kann beliebig erweitert werden, indem weitere Batterie Module angeschlossen werden. Das besondere an Batterien ist der hohe Wirkungsgrad und ihre flexible Mobilität. Dafür sind jedoch Ressourcen notwendig, die z.B. bei Lithium unter sehr schlechten Arbeitsbedingungen abgebaut werden. Die Energie, die in Batterien gespeichert wird, ist fast vollständig nutzbar. Ein großer Nachteil ist allerdings, dass die Batterie zu den kurzzeitspeichern gehört. Sie kann innerhalb eines Tages mehrfach Energie aufnehmen und wieder abgeben. Über längere Zeiträume geht Energie aber durch natürliche Entladeprozesse verloren. [12]

---

[8] Ebd. S. 47.
[9] Ebd. S. 46.
[10] Kurzweil, Peter/ Dietlmeier, Otto K. (2015): Elektrochemische Speicher: Superkondensatoren, Batterien, Elektrolyse-Wasserstoff, Rechtliche Grundlagen, Wiesbaden, (Springer Vieweg Verlag), S. 8.
[11] Méziane, Boudella, (FN 4), S.46f.
[12] Ebd. S. 48.

# 4 Wasserstoff

Wasserstoff ist auf der Erde zu großen Mengen, im Wasser gebunden, verfügbar.

Das Wasser bedeckt ca. 71% der Erdoberfläche. [13] Damit wäre die Kapazität der Ressource nahezu unerschöpflich. Wasserstoff aus erneuerbarer Energie zu generieren und findet unter dem Konzept "Power-to-gas" Anwendung. Auch andere Gase können als Speichermedium eingesetzt werden, wobei der Wasserstoff den höchsten Energiegehalt besitzt. [14] Wasserstoff kann aus verschiedenen Energiequellen gewonnen werden. [15]. Die Produktion ist auf dem gesamten Globus möglich ist und überall können Technologien eingesetzt werden, die mit Wasserstoff kompatibel sind. Das erleichtert den Handel von Wasserstoff. Um Wasserstoff aus erneuerbarer Energie herzustellen, wird meist die Elektrolyse eingesetzt. Der Elektrolyseur, erzeugt mithilfe von Strom, aus Wassermolekülen die beiden Reinstoffe Wasserstoff und Sauerstoff. Die gängigsten Methoden sind die alkalische Elektrolyse und die PEM Elektrolyse. Der energetische Wirkungsgrad technischer Wasserelektrolyseure liegt bei 70–90% [16]

## 4.1 Alkalische Elektrolyse

Zu einem Medium, dem Elektrolyt (häufig Kalilauge), wird Wasser gegeben. Zwei Elektroden, von einer Membran getrennt, tauchen in das Medium ein und werden unter Spannung gesetzt. Sauerstoff- und Wasserstoff-Ionen werden von jeweils einer der geladenen Elektroden elektrisch angezogen. Durch die Membran können nur die Hydroxid- Ionen diffundieren, wodurch eine hohe Wasserstoff-Ionen ($H^+$)Konzentration an der Kathode entsteht. Sie gasen dort zu Wasserstoffmolekülen ($H_2$) aus. Bei der alkalischen Elektrolyse überwiegen Hydroxyd- Ionen ($OH^-$), das Beschleunigt die Dissoziation. [17] Diese Art der Elektrolyse ist die Gängigste mit dem höchsten Wirkungsgrad. [18]

---

[13] Statista (2021): Verteilung von Land und Wasser auf der Erdoberfläche, Online im Internet: https://de.statista.com/statistik/daten/studie/1109076/umfrage/verteilung-von-land-und-wasser-auf-der-erdoberflaeche/#professional ,abgerufen am 24.12.2021

[14] Méziane, Boudella, (FN 4), S. 60.

[15] Zell, Thomas/ Langer, Robert (2019): hydrogen storage as solution for a changing energy landscape,in: Zell, Thomas/ Langer, Robert Hydrogen Storage, Based on Hydrogenation and Dehydrogenation Reaction of Small Molecules, Leck, S. 10.

[16] Kurzweil, Peter/ Dietlmeier, Otto K., (FN 9), S. 490.

[17] Méziane, Boudella, (FN 4), S. 72f.

[18] Hamacher, Thomas: Wasserstoff als strategischer Sekundärenergieträger, in: Töpler, Johannes/ Lehmann, Jochen: Wasserstoff und Brennstoffzelle Technologien und Marktperspektiven, (2. Auflage), o.O., (Springer Vieweg Verlag), S. 9.

## 4.2 PEM Elektrolyse

Bei der PEM-Elektrolyse werden zwei Elektroden durch eine semipermeable Membran getrennt. Der Wasserstoff kann aufgrund seiner Teilchengroße, durch die Membran hindurch diffundieren und wird an der Kathode protonisiert. Dabei entsteht das Wasserstoffmolekül ($H_2$). Der Unterschied zur alkalischen Elektrolyse ist das Medium, in dem der Prozess stattfindet. Die PEM (Proton Exchange Membrane) ist die Membran und sorgt vor allem für die Protonenzirkulation. Des Weiteren ist sie für Gase schlecht durchlässig, wodurch der entstandene Wasserstoff gut aufgefangen werden kann.[19]

## 4.3 Speicherung

Wasserstoff muss auf Grund seiner Dichte im Vergleich zu anderen Treibstoffen in wesentlich größeren Volumen gespeichert werden. Das bedeutet, dass der Platzbedarf im gasförmigen Zustand deutlich höher ausfällt. Im gasförmigen Zustand, also bei Normaltemperatur, benötigt Wasserstoff komprimiert bei 200bar, ein Volumen von 500l, während Erdgas bei der gleichen Energiemenge 128l benötigt und Benzin grade einmal 16l. Im flüssigen Zustand ist die Energiemenge des Wasserstoffs deutlich kompakter speicherbar. Flüssig benötigt er ein Volumen von 98l. [20]

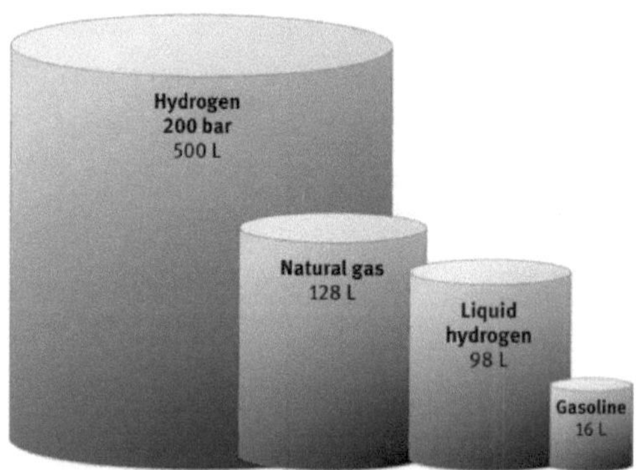


**Abbildung 4 Volumenumfang verschiedener Energieträger bei gleichem Energiegehalt**
**Quelle:** Méziane Boudella (2018), S. 61.

Wie bei der Druckluftspeicherung kann auch Wasserstoff gasförmig in unterirdischen Salzkavernen gespeichert werden. Die natürlichen Drücke in den tiefen Ebenen begünstigen dabei den Betrieb. Die Drücke sollten je nach Tiefe zwischen 70 und 200bar betragen.

---

[19] Méziane, Boudella, (FN 4), S. 81ff.
[20] Ebd. S.61.

[21]Das Speichern in Salzkavernen bietet sich vor allem bei so genannten "Off-Shore" Windkraftwerken an, da es an den typischen Küstenstandorten auch meist natürlich vorkommende Salzkavernen gibt. Typischerweise haben die Kavernen ein Speichervolumen von mehreren 100.000m³. Sie können Energiemengen von bis zu 200 GWh Wasserstoff speichern. Beim Speichern dieser Menge gehen bis zur Nutzung ca. 35-40% Energie verloren.[22]

Eine weitere Variante ist die Speicherung in vergrabenen Röhrenspeicherfeldern. Bei dieser Speicherform können die bereits vorhandenen Erdgasnetze genutzt werden. Die vorhandenen Netze müssen lediglich für den Wassersoff nachgerüstet werden. Der Wasserstoff wird bei einem Betriebsdruck von 100 bar in Sammelbehältern gespeichert. Hier sind die Investitionskosten zwar am geringsten, allerdings können aktuell auch nur kleine Energiemengen gespeichert werden. Ein unterirdisches Röhrenfeld kann Wasserstoffreserven bis zu einer Woche speichern. Diese Speichermethode ist primär beim Wasserstoffendverbraucher vor Ort geeignet. [23]Erstrecken sich diese Rohrnetzsysteme über weite Strecken, ist aber auch hier das Speichervolumen nicht zu unterschätzen. Schon heute erstrecken sich Wasserstoffrohrsysteme über Ländergrenzen hinaus. [24]

Wie zuvor erwähnt, ist die Energiedichte von flüssigem Wasserstoff wesentlich höher als die von komprimiertem. Das Volumen ist bei gleicher Energiemenge also geringer. Diese Speicherform wird auch kyrogener Wasserstoff genannt. Bei -253°C wird Wasserstoff flüssig und besitzt eine Dichte von 70,8 kg/m³. [25] Um kyrogenen Wasserstoff herzustellen, wird er im gasförmigen Zustand komprimiert und durch mehrstufige Flüssigstickstofftauscher abgekühlt. Zuletzt führt die Drosslung durch ein Expansionsventil dazu, dass ein Teil des Wasserstoffs flüssig wird. Der flüssige Teil wird in isolierten Tanks gespeichert und der gasförmige Rest wieder dem System beigeführt. [26]


### 4.4 Transport

Dadurch, dass erneuerbare Energiekraftwerke sich häufig in außerstädtischen Bereichen befinden, muss der erzeugte Strom weite Strecken zurücklegen. Durch die Wärme, die in der Leitung freigesetzt wird, entwickeln sich auf langen Strecken hohe Energie Verluste.

---


[21] Bünger, Ulrich u.a.: Wasserstoff – Schlüsselelement von Power-to-X, in: Töpler, Johannes/ Lehmann, Jochen: Wasserstoff und Brennstoffzelle Technologien und Marktperspektiven, (2. Auflage), o.O., (Springer Vieweg Verlag), S. 335.

[22] Ebd. S. 335.

[23] Ebd. S. 335.

[24] Wang, Anthony u.a. (2020): European Hydrogen Backbone how a dedicated hydrogen infrastructure can be created,o.O., (Guidehouse), S.6.

[25] Méziane, Boudella, (FN 4), S. 106.

[26] Ebd. S. 206.

Zudem sind die Ausbeuten erneuerbarer Energien Standortbedingt. Das bedeutet, dass z.B. Photovoltaik in Afrika ein höheres Potential bietet als in Deutschland. Um mit Energie global zu handeln, muss diese, weite Strecken zurücklegen können.

In Form von Wasserstoff kann das auf drei Arten funktionieren. Durch Rohrleitungen, gasförmig oder flüssig in Tanks bzw. Flaschen.

An diesem Beispiel kann gezeigt werden, wie das funktioniert: Wasserstoff aus Salzkavernen wird bei der Entnahme zusätzlich verdichtet, da das Volumen sonst sehr groß ist. Komprimiert in Flaschen kann er entweder gasförmig, mit sehr hohem Druck oder flüssig, bei sehr geringen Temperaturen transportiert werden. Gasförmiger, komprimierter Wasserstoff wiegt pro Flasche etwa 300kg und wird unter 200bar gesetzt.[27] Das bedeutet hohen Energiebedarf beim Transport.

In flüssiger Form sind thermisch isolierte Tanks notwendig, die wie Thermoskannen funktionieren.[28] Ein Flüssigstickstoffmantel hält den Wasserstoff auf ca. -253°C kühl.[29] Das Verflüssigen von Wasserstoff wirkt sich vorteilhaft auf den Transportaufwand. Das liegt an der zuvor genannten Energiedichte (siehe Abbildung 4). Verluste des Energiegehalts belaufen sich beim Verflüssigen zwischen 28 und 46%.[30] Die langfristige Speicherung ist bei flüssigem Wasserstoff allerdings problematisch, denn aufgrund von Undichtigkeiten entweichen etwa 3% des Wasserstoffs pro Tag.[31]

Eine weitere Möglichkeit ist der Transport in Rohrleitungen. Dabei kann das bereits vorhandene Erdgasnetz genutzt werden. Es wäre die günstigste und technisch einfachste Option. Im Ruhrgebiet gibt es bereits Wasserstoffnetze mit einer Länge von etwa 240km[32]. Problematisch ist dabei, die Reaktivität des Wasserstoffs. Korrosionen schaden der Leitung. Induzierte Spannungen und die Explosionsgefahr schlagen sich nachteilig auf das Sicherheitsrisiko aus. Zusätzlich ist mit qualitativen Verschlechterungen in industriellen Prozessen zu rechnen.[33]

An der Optimierung der Wasserstoff Transporte und Speicherung wird weiter geforscht. Die LOHC (Liquid Organic Hydrogen Carriers) Methode ist eine von vielen neueren Speicherarten des Wasserstoffs. Der Wasserstoff wird an Metalle gebunden und macht ihn damit für Transport und Speicherung komfortabler als die bisherigen Speichermöglichkeiten. Während aktuell 3kg komprimierter Wasserstoff ein Volumen von 150l benötigt und

---


[27]Méziane, Boudella, (FN 4), S. 108.
[28] Ebd. S. 99.
[29] Ebd. S. 60
[30] Ebd. S. 99.
[31]Kurzweil, Peter/ Dietlmeier, Otto K., (FN 9), S. 478.
[32] Hamacher, Thomas (FN 18), S. 13.
[33] Méziane, Boudella, (FN 4), S. 108-109.

250kg in der Speicherung wiegt, kann mit LOHC die gleiche Menge Wasserstoff in 50l und 50kg Speichergewicht gebunden werden. Das wirkt sich energiesparend für den Transport und die Speicherung von Wasserstoff aus. Auch bei dieser Methode gibt es aber einige Nachteile, an denen die Forschung bereits arbeitet. [34]

## 5  Fazit

Der Strom der Zukunft soll Klimaneutral sein. Um das realisierbar zu machen, muss die Stromerzeugung vollständig auf erneuerbare Energien umgestellt werden. Durch den enormen Anstieg beim Ausbau erneuerbarer Energien, entstehen jedoch langfristig große Mengen Energieüberschüsse. Das bedeutet eine Herausforderung bei der Energiespeicherung, denn die zukünftig großen Strommengen, erfordern hohe Speicherkapazitäten. Außerdem soll die Energie global transportiert werden, denn die Art und die Menge der Energieerzeugung ist Länderspezifisch. Der globale Handel mit Energie gleicht diese Disparität aus. Bei der Auswahl künftiger Energiespeicherung ist es also essenziell, Kapazität und Mobilität zu beachten.

Bei der Betrachtung aktueller Speichermedien wird deutlich, dass unterschiedliche Techniken auch unterschiedliche Vorteile, sowie Nachteile mit sich ziehen.

Es ist festzustellen, dass sowohl bei der Pumpstation als auch bei der Druckluftspeicherung die Speicherkapazitäten sehr groß ausfallen können. Sie sind jedoch durch ihr Volumen begrenz und benötigen für den Bau, die geologischen Gegebenheiten. Abschließend lässt sich bei diesen Speichermethoden feststellen, dass die Mobilität fehlt. Sie eignen sich also nicht für den globalen Handel mit Energie.

Ein weiteres Speichermedium ist die Batterie. Sie besitzt von den gängigsten Methoden den höchsten Wirkungsgrad und ist im Gegensatz zu den anderen beiden Speichermethoden flexibel transportierbar. Ihre Kapazität kann zwar erweitert werden, benötigt dafür aber viele Ressourcen. Außerdem gehört sie zu den Kurzzeitspeichern. Die natürlichen Entladeprozesse senken den Wirkungsgrad über lange Zeiträume massiv.

Zusammenfassend kann man festhalten, dass die bisherigen Speichermethoden, die Anforderungen für zukünftige Speichermedien nicht vollständig erfüllen.

Wasserstoff erfüllt diese Kriterien. Als eine nahezu unerschöpfliche Ressource kann dieser in theoretisch unbegrenzter Menge hergestellt werden. Mithilfe der Elektrolyse wird der Wasserstoff aus Wasser gewonnen und anschließend unterirdisch gespeichert. Alternativ kann man ihn auch durch Rohleitungssysteme direkt zum Verbraucher leiten.

---

Der Nachteil am Wasserstoff, sind Energieverluste in den einzelnen Prozessen. Der soge-
nannte kyrogene Wasserstoff benötigt zur Speicherung thermisch isolierte Tanks, um die
Verdunstungsverluste gering zu halten. Die flüssige Speicherung ist zwar wesentlich Ener-
giedichter, hat aber im Gegensatz zur gasförmigen Speicherung einen geringeren Wirkungsgrad. In Tanks kann der Wasserstoff sowohl in flüssiger Form als auch in gasförmiger
Form auf LKWs transportiert werden. Die Energie, die der LKW beim Transport benötigt
muss bei der Gesamtbilanz mit einberechnet werden. Der Transport in Pipelines ist weniger Energieaufwändig, benötigt wird dafür eine stabile Infrastruktur, die teilweise mit vorhandenen Erdgasnetzen ausgebaut werden kann.

Es lässt sich aber schlussfolgernd sagen, dass bei Umwandlung, Speicherung und beim
Transport hohe Energieverluste entstehen, die den Gesamtwirkungsgrad stark beeinflus-
sen. Der Ausbau von Wasserstofftechnologie scheint jedoch unumgänglich in Anbetracht
der aktuellen Anforderungen an Energiespeichern. Es bestätigt sich, dass der Wasserstoff
für die klimaneutrale Energieversorgung geeignet ist. Jedoch muss jegliche Energie, die in
den Prozessen erforderlich ist, aus erneuerbarer Energieerzeugung stammen. An der Optimierung einzelner Prozesse der Wasserstofftechnik, wird vielversprechend geforscht.
Schon heute gibt es einige Ansätze die z.B. im Rahmen der Speicherung eine deutliche
Effizienzsteigerung verspricht. LOHC ist dabei nur ein Stichwort, steht aber stellvertre-
tend für die vielfältigen Möglichkeiten, die in Bezug auf Wasserstoff in Aussicht stehen.

# Literaturverzeichnis

Boudella, Méziane (2018): Power-to-Gas, Leck, (Walter de Gruyter GmbH).

Kurzweil, Peter/ Dietlmeier, Otto K. (2015): Elektrochemische Speicher: Superkondensatoren, Batterien, Elektrolyse-Wasserstoff, Rechtliche Grundlagen, Wiesbaden, (Springer Vieweg Verlag).

Bundesregierung (2021): Erneuerbare Energien: Ein neues Zeitalter, online im Internet: https://www.bundesregierung.de/breg-de/themen/energiewende/energie-erzeugen/erneuerbare-energien-317608, abgerufen am 20.12.2021.

Bundesregierung (2021): Klimaschutzgesetz 2021: Generationenvertrag für das Klima, online im Internet: https://www.bundesregierung.de/breg-de/themen/klimaschutz/klimaschutzgesetz-2021-1913672, abgerufen am 20.12.2021.

Bünger, Ulrich u.a.: Wasserstoff – Schlüsselelement von Power-to-X, in: Töpler, Johannes/ Lehmann, Jochen: Wasserstoff und Brennstoffzelle Technologien und Marktperspektiven, (2. Auflage), o.O., (Springer Vieweg Verlag), S. 327-368.

Hamacher, Thomas: Wasserstoff als strategischer Sekundärenergieträger, in: Töpler, Johannes/ Lehmann, Jochen: Wasserstoff und Brennstoffzelle Technologien und Marktperspektiven, (2. Auflage), o.O., (Springer Vieweg Verlag), S. 1-25.

Statista (2021): Verteilung von Land und Wasser auf der Erdoberfläche, Online im Internet: https://de.statista.com/statistik/daten/studie/1109076/umfrage/verteilung-von-land-und-wasser-auf-der-erdoberflaeche/#professional ,abgerufen am 24.12.2021.

Umweltbundesamt (2021): Primärenergieverbrauch, online im Internet: https://www.umweltbundesamt.de/daten/energie/primaerenergieverbrauch#definition-und-einflussfaktoren, abgerufen am 24.12.2021.

Wang, Anthony u.a. (2020): European Hydrogen Backbone how a dedicated hydrogen infrastructure can be created,o.O., (Guidehouse).

Zell, Thomas/ Langer, Robert (2019): hydrogen storage as solution for a changing energy landscape,in: Zell, Thomas/ Langer, Robert Hydrogen Storage, Based on Hydrogenation and Dehydrogenation Reaction of Small Molecules, o.O., (Walter de Gruyter GmbH).S 1-26.

# Abbildungsverzeichnis



*Durch Autorin verändert

# BEI GRIN MACHT SICH IHR WISSEN BEZAHLT

- Wir veröffentlichen Ihre Hausarbeit,
  Bachelor- und Masterarbeit

- Ihr eigenes eBook und Buch -
  weltweit in allen wichtigen Shops

- Verdienen Sie an jedem Verkauf

Jetzt bei www.GRIN.com hochladen
und kostenlos publizieren